电气自动化设备安装与维修专业一体化课程系列教材

电力拖动一体化工作页

主　编　贾英辉　诸葛英
副主编　梁艳玲　刘瑞丰

北京邮电大学出版社
www.buptpress.com

内容简介

本书专为电力拖动一体化工作页课程设计，供高等职业院校电气自动化专业理论及实习课程用书。本书采用任务驱动法教学，通过典型工作任务，让学生在任务的学习中掌握电力拖动相关知识及实操技能，并通过各种活动的学习，培养学生主动探究、自主学习的能力，并通过评价总结环节，提高学生语言表达能力，提高个人综合职业素养。

本书共分为6个学习任务。第一个任务为连续与点动混合正转控制线路的安装与检修。第二个任务为正反转控制线路的安装与检修。第三个任务为Y-△降压启动控制线路的安装与检修。第四个任务为工作台自动往返控制线路的安装与检修。第五个任务为顺序控制线路的安装与检修。第六个任务为双速异步电动机控制线路的安装与检修。通过这6个任务的学习，学生可逐步形成电力拖动程序设计思路，掌握接线调试程序的能力，并培养学生分析问题和解决问题的能力。

本书既可作为高等职业院校电气自动化专业学生的教材，也可作为相关专业学生自学的参考用书。

图书在版编目(CIP)数据

电力拖动一体化工作页 / 贾英辉，诸葛英主编． -- 北京：北京邮电大学出版社，2019.6(2024.1重印)
ISBN 978-7-5635-5722-6

Ⅰ.①电… Ⅱ.①贾… ②诸… Ⅲ.①电力传动－中等专业学校－教材 Ⅳ.①TM921

中国版本图书馆 CIP 数据核字(2019)第 090667 号

书　　名	电力拖动一体化工作页
主　　编	贾英辉　诸葛英
责 任 编 辑	满志文
出 版 发 行	北京邮电大学出版社
社　　址	北京市海淀区西土城路10号(邮编：100876)
发 行 部	电话：010-62282185　传真：010-62283578
E-mail	publish@bupt.edu.cn
经　　销	各地新华书店
印　　刷	北京虎彩文化传播有限公司
开　　本	787 mm×1 092 mm　1/16
印　　张	6.25
字　　数	152千字
版　　次	2019年6月第1版　2024年1月第2次印刷

ISBN 978-7-5635-5722-6　　　　　　　　　　　　　　　定　价：19.80元

·如有印装质量问题，请与北京邮电大学出版社发行部联系·

电气自动化设备安装与维修专业一体化课程系列教材编写指导委员会

主　任：张殿勇

副主任：梁艳玲

委　员：刘瑞丰　星建民　袁志勇
　　　　诸葛英　李铭慧　张敬敏

《电力拖动一体化工作页》编委会

主　编：贾英辉　诸葛英

副主编：梁艳玲　刘瑞丰

参　编：杨振勇　杨飞英　李广印　李长林
　　　　星建民　李　硕　高　莹

主　审：梁艳玲　刘瑞丰

前　言

为贯彻落实《中共中央办公厅国务院办公厅关于进一步加强高技能人才工作的意见》(中办发〔2006〕15号)，满足北京科技高级技术学校国家级高技能人才培训基地建设需要，北京科技高级技术学校决定开发用于高技能人才培训的校本教材。本教材的开发是根据《高技能人才培训基地建设项目申报书》及《高技能人才培训基地建设项目实施方案》中设定的高技能人才培训方案和课程标准(教学大纲)的要求，结合《电力拖动课程——国家职业标准》、职业岗位需求以及北京科技高级技术学校社会培训的实际需求、学校现有的教学设施和设备，紧紧围绕培养培训技术应用型专门人才而进行。专业课程教材要加强针对性和实用性，要选择实用性强的知识和技术，使学员做到学以致用。培训校本教材的编写在选材时要尽可能反映本学科最新、最实用的科技成果；同时，应考虑未来社会经济的发展需求和学生自身发展的需求，为学生自学、继续教育奠定基础，增强学生可持续发展的能力。

在教材的编写过程中，我们努力做到以下几点。

(1) 从企业生产实际中选取针对性强的课题，在对课题进行统筹安排的前提下，采用任务驱动编写思路组织课题训练内容与相关知识，模拟展现企业的生产过程。

(2) 分别参照国家职业标准电力拖动课程的要求，确定相关教材内容的广度和深度，便于鉴定考核工作的顺利开展。

(3) 根据制造行业发展需要，较多编入新技术、新工艺、新设备、新材料的内容，以适应现代行业、企业发展的需要，保证教材的先进性。

(4) 采用以图代文的表现形式，精彩展现教材内容，降低学生学习难度，激发学生学习兴趣。

在教材的编写过程中，得到有关基地主管部门、专业骨干教师、一体化教师以及相关行业、企业的大力支持，教材的主编、副主编、参编、主审等做了大量的工作，在此表示衷心的感谢！同时，恳切希望广大读者对教材提出宝贵的意见和建议，以便修订时加以完善。

编　者

目 录

学习任务一　连续与点动混合正转控制线路的安装与检修 ················ 1

 学习活动一　明确工作任务 ·· 2
 学习活动二　安装调试前的准备 ···································· 3
 学习活动三　连续与点动混合正转控制线路的安装与检修 ·············· 7
 学习活动四　工作总结与评价 ······································ 12

学习任务二　正反转控制线路的安装与检修 ···························· 16

 学习活动一　明确工作任务 ·· 17
 学习活动二　安装调试前的准备 ···································· 18
 学习活动三　正反转控制线路的安装与检修 ·························· 22
 学习活动四　工作总结与评价 ······································ 27

学习任务三　Y-△降压启动控制线路的安装与检修 ······················ 31

 学习活动一　明确工作任务 ·· 32
 学习活动二　安装调试前的准备 ···································· 33
 学习活动三　Y-△降压启动控制线路的安装与检修 ···················· 37
 学习活动四　工作总结与评价 ······································ 42

学习任务四　工作台自动往返控制线路的安装与检修 ···················· 46

 学习活动一　明确工作任务 ·· 47
 学习活动二　安装调试前的准备 ···································· 48
 学习活动三　工作台自动往返控制线路的安装与检修 ·················· 52
 学习活动四　工作总结与评价 ······································ 57

学习任务五　顺序控制线路的安装与检修 ······························ 61

 学习活动一　明确工作任务 ·· 62
 学习活动二　安装调试前的准备 ···································· 63
 学习活动三　顺序控制线路的安装与检修 ···························· 67
 学习活动四　工作总结与评价 ······································ 72

学习任务六 双速异步电动机控制线路的安装与检修 …… 76
    学习活动一 明确工作任务 …… 77
    学习活动二 安装调试前的准备 …… 78
    学习活动三 双速异步电动机控制线路的安装与检修 …… 82
    学习活动四 工作总结与评价 …… 87

参考文献 …… 91

学习任务一　连续与点动混合正转控制线路的安装与检修

学习目标

（1）掌握连续与点动混合正转控制线路的构成及工作原理,能正确选用安装和检修所用的工具、仪表及器材。

（2）能正确编写安装步骤和工艺要求,并进行正确安装。

（3）掌握电动机基本控制线路故障检修的一般步骤和方法,并能进行正确调试和检修。

（4）知道电动机基本控制线路的基本检修过程、检修原则、检修思路、常用检修方法（支路检测法、电压法、电阻法、短路法、开路法）。

（5）能根据故障现象和原理图,分析故障范围,查找故障点,制定维修方案,掌握故障检修的基本方法。

（6）能够掌握常用的故障排除方法（器件的维修方法、器件选择代换方法）。

（7）能按照企业管理制度,正确填写维修记录并归档,确保记录的可追溯性,为以后维修提供参考资料。

建议课时数

16课时。

学习任务描述

情景模拟

学校实习车间为某电气设备的电气控制线路进行改造,要求如下。

（1）既能点动控制又能连续控制。

（2）具有短路、过载、失压和欠压保护作用。

（3）对电气控制线路进行安装与维修。经学院批准,特委托学校电工组对其电气控制部分进行重新安装与调试（施工周期2天）,按规定期限完成验收交付使用,给予工程费用约 x 元（详情见项目合同）。

> 工作流程与活动

◇ 学习活动一　明确工作任务(2课时)
◇ 学习活动二　安装调试前的准备(4课时)
◇ 学习活动三　连续与点动混合正转控制线路的安装与检修(8课时)
◇ 学习活动四　工作总结与评价(2课时)

学习活动一　明确工作任务

 学习目标

(1)能制定合理的工作进度计划。
(2)能识读电路图中的图形符号、文字符号和标注代号。

 建议学时

2课时。

 学习地点

一体化教室。

 学习过程

一、明确工作任务

1. 阅读生产派工单,以小组为单位讨论其内容,提炼以下主要信息,再根据教师点评和组内意见,改正错误和疏漏之处。
　　(1)该项工作的工作地点是_____。
　　(2)该项工作的开始时间是_____。
　　(3)该项工作的完成时间是_____。
　　(4)该项工作的总用时是_____。
　　(5)该项工作交给你和你的组员,则你们的角色是_____。
　　(6)该项工作完成后应交给_____进行验收。
2. 引导和资讯
　　(1)上班前,必须穿戴好_____、_____。

(2)请根据你的任务单,准备好各种工具、量具等。
(3)搜集所需资料。

二、熟悉工作任务的具体要求

1. 本任务是什么?
_____
_____

2. 实现本任务的具体要求有哪些?
_____
_____
_____

学习活动二　安装调试前的准备

 学习目标

　　识读电路原理图,查阅相关资料,能正确分析电路的供电方式、电动机的作用、控制方式及控制电路特点,为检修工作的进行做好准备。

 建议学时

4 课时。

 学习地点

一体化教室。

 学习过程

一、了解连续与点动混合正转控制线路

1. 写出电气设备电气控制线路的控制要求。
_____
_____
_____
_____
_____

2. 分析电气设备电气控制线路的功能与结构。
_____
_____
_____
_____
_____

3. 设计连续与点动混合正转控制线路。
(1)主电路

(2)控制电路

4. 识读电路图,熟悉线路所用电器元件及作用。

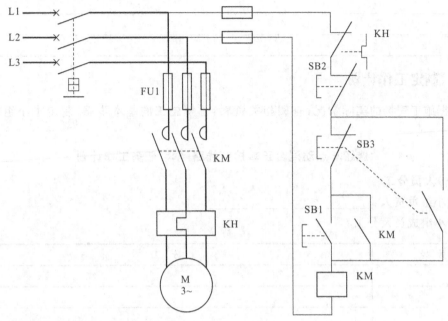

(1)识读电路图。
(2)写出电路组成及各元件作用。

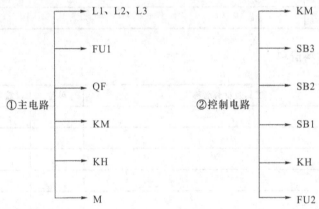

(3)分析电路工作原理。

_____
_____
_____
_____
_____
_____
_____
_____

二、制定工作计划

根据施工现场的实际情况,查阅相关资料,了解施工的基本步骤,制定本小组的工作计划。

"连续与点动混合正转控制线路"学习任务工作计划

(一)人员分工

1. 小组负责人:_____。

2. 小组成员及分工

姓 名	分 工

(二)工具及材料清单

序号	工具及材料名称	单位	数量	备注

(三)工序及工期安排

根据分析,安排工作进度。

序号	开始时间	结束时间	完成内容	工作要求	备注
1					
2					
3					
4					
5					
6					

三、评价

以小组为单位,展示本组制定的工作计划,然后在教师点评基础上对工作计划进行修改完善,并根据以下评分标准进行评分。

评分表

评价内容	分值	评分		
		自我评价	小组评价	教师评价
计划制定是否有条理	10分			
计划是否全面、完善	10分			
人员分工是否合理	10分			
任务要求是否明确	20分			
工具清单是否正确、完整	20分			
材料清单是否正确、完整	20分			
是否具有团结协作精神	10分			
合　计				

学习活动三　连续与点动混合正转控制线路的安装与检修

学习目标

(1)会按图安装接线。
(2)会编制试车工艺。
(3)会连续与点动混合正转控制线路的故障分析。
(4)在作业完毕后能按电工作业规程清点、整理工具,收集剩余材料,清理工程垃圾,拆除防护措施。

 建议学时

8课时。

 学习地点

一体化教室。

 学习过程

一、现场施工准备

1. 当连续与点动混合正转控制线路发生电气故障后,简述检查分析的步骤。

2. 利用仪表器材检查分析故障时,常用的检查方法有哪些?

3. 描述用电压测量法检查线路电气故障时应注意哪些事项。

4. 描述用电阻测量法检查线路电气故障时应注意哪些事项。

_____
_____
_____
_____
_____
_____
_____
_____
_____
_____

二、电气接线

1. 根据控制线路图,设计元件布局。
2. 仪表、工具、耗材和器材准备。
3. 元器件规格、质量检查。
4. 根据元件布置图安装固定低压电器元件。
5. 按照电气原理图进行线路安装。

软线安装工艺要求如下。

(1)所有导线的截面积在等于或大于 0.5mm 时,必须采用软线。

(2)布线时,严禁损伤线芯和导线绝缘。

(3)各电器元件接线端子引出导线的走向,以元件的水平中心线为界线,在水平中心线以上接线端子引出的导线,必须进入元件上面的走线槽;在水平中心线以下接线端子引出的导线,必须进入元件下面的走线槽。任何导线都不允许从水平方向进入走线槽内。

(4)各电器元件接线端子引出或引入的导线,除间距很小和元件机械强度很差允许直接架空敷设外,其他导线必须经过走线槽进行连接。

(5)进入走线槽内的导线要完全置于走线槽内,并应尽可能避免交叉,装线不要超过其容量的 70%,以便于能盖上线槽盖及以后的装配、维修。

(6)各电器元件与走线槽之间的外露导线,应走线合理,并尽可能做到横平竖直变换走向要垂直。同一个元件上位置一致的端子和同型号电器元件中位置一致的端子上引出或引入的导线,要敷设在同一平面上,并应做到高低一致或前后一致,不得交叉。

(7)所有接线端子、导线线头上都应套有与电路图上相应接点线号一致的编码套管,并按线号进行连接,连接必须牢靠,不得松动。

(8)在任何情况下,接线端子必须与导线截面积和材料性质相适应。当接线端子不适合连接软线或较小截面积的软线时,可以在导线端头穿上针形或叉形轧头并压紧。

(9)一般一个接线端子只能连接一根导线,如果采用专门设计的端子,可以连接两根或多根导线,但导线的连接方式必须是公认的、在工艺上成熟的方式,如夹紧、压接、焊接、绕接等,并应严格按照连接工艺的工序要求进行。

6. 安装过程中遇到了哪些问题？如何解决？

所遇问题	解决方法

三、电气检测

自检与互检。

序号	检测内容	自检情况记录	互检情况记录
1	用万用表对电源端进行短路检测		
2	用万用表对熔断器进行通断检测		
3	用万用表对主电路进行断电检测		
4	用万用表对控制电路进行断电检测		

四、通电调试

1. 为保证人身安全,在通电试车时,要认真执行安全操作规程的有关规定,另一人监护,另一人操作。试车前,应检查与通电试车有关的电气设备是否有不安全的因素存在,若查出应立即整改,然后方能试车。

2. 通电试车前,必须征得教师的同意,并由指导教师接通三相电源 L1、L2、L3,同时在现场监护。学生合上电源开关 QF 后,用测电笔检查熔断器出线端,氖管亮说明电源接通。

3. 空操作实验:不接电动机,通电试验并观察接触器动作。

4. 带负荷试车:根据试车结果,检测连续与点动混合正转控制线路的功能并记录检测过程及数据。

测试内容	点动运行是否正常	连续运行是否正常	停止运行是否正常	能否过载保护	能否短路保护	能否失压、欠压保护	调试结果	
							自检	互检
连续与点动混合正转控制线路								

5. 所遇故障分析

故障现象	故障原因	检修情况记录

小组学习记录需有记录人、主持人、小组成员、日期、内容等要素。

五、线路检修

故障现象	可能的原因及故障点	检查方法
按下 SB1 后不能点动		
按下 SB3 后电动机不能连续运转		
按下 SB2 后电动机不能停止运转		
按下启动按钮 SB1 或 SB3 后，接触器 KM 吸合，但电动机 M 不启动		
按下启动按钮 SB1 或 SB3 就跳闸		

六、评价

以小组为单位,展示本组安装成果。根据以下评分标准进行评分。

评分表

评价内容	分值	评分		
		自我评价	小组评价	教师评价
安全施工	5分			
画线、定位准确	5分			
正确使用工具	5分			
接线、布线符合工艺要求	5分			
按照相关工艺要求,正确安装线路	30分			
正确使用万用表自检	10分			
调试成功	20分			
按要求清理现场	10分			
是否具有团结协作精神	10分			
合　计				

学习活动四　工作总结与评价

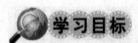 学习目标

(1)能对自己完成的工作任务表述设计过程。
(2)结合自身完成任务情况,正确规范撰写工作总结(心得体会)。
(3)能就本次任务中出现的问题,提出改进措施。
(4)能主动获取有效信息、展示工作成果,对学习与工作时行反思总结,并能与他人良好合作,进行有效的沟通。
(5)能按要求正确规范地完成本次学习活动工作页的填写。

 建议学时

2课时。

 学习地点

一体化教室。

学习过程

一、教学准备

请准备工作页。

二、引导问题

1. 配合组长，对自己完成的电路盘完成较好的方面进行总结，然后向班组进行表述。

2. 该项任务中你学到了什么？

 评价与分析

学习任务总体评价

自我评价、小组评价、教师评价。

1. 展示评价

把个人制作好的电路盘进行分组展示，再由小组推荐代表作必要的介绍。在展示的过程中，以组为单位进行评价；评价完成后，根据其他组成员对本组展示的成果评价意见进行归纳总结。完成如下项目。

(1) 展示的电路盘符合技术标准吗？

合格□　　　　不良□　　　　返修□　　　　报废□

(2) 与其他组相比，本小组的电路盘工艺你认为：

工艺优化□　　　工艺合理□　　　工艺一般□

(3) 本小组介绍成果表达是否清晰？

很好□　　　　一般□　　　　不清晰□

(4) 本小组演示检测方法操作正确吗？

正确□　　　　部分正确□　　　不正确□

(5) 本小组演示操作时遵循了"6S"的工作要求吗？

符合工作要求□　　忽略了部分要求□　　完全没有遵循□

(6)本小组的成员团队创新精神如何？
良好□　　　　　　　一般□　　　　　　　不足□

自评总结（心得体会）

_____
_____
_____
_____
_____
_____
_____
_____

2．教师对展示的产品分别作评价
(1)找出各组的优点并进行点评。
(2)展示过程中各组的缺点并进行点评，并提出改进方法。
(3)评价整个任务完成中出现的亮点和不足。
3．评价与分析

任务评价表

项目	自我评价			小组评价			教师评价		
	10~9分	8~6分	5~1分	10~9分	8~6分	5~1分	10~9分	8~6分	5~1分
	占总评分的10%			占总评分的30%			占总评分的60%		
学习兴趣									
任务明确程度									
现场动手能力									
学习主动性									
承担工作表现									
表达能力									
协作精神									
纪律观念									
时间观念									
节约意识									
工作态度									
任务总体表现									
小计分									
总评分									

任课教师：_____　　　　　　　　　　　　　　　　　　　年　月　日

工作评价

_____
_____
_____
_____
_____

教师综合评价

_____
_____
_____
_____
_____
_____
_____
_____
_____
_____

指导教师:(签名)_____　　　　　____年___月___日

学习任务二　正反转控制线路的安装与检修

学习目标

(1)掌握正反转控制线路的构成及工作原理,能正确选用安装和检修所用的工具、仪表及器材。

(2)能正确编写安装步骤和工艺要求,并进行正确安装。

(3)掌握电动机基本控制线路故障检修的一般步骤和方法,并能进行正确调试和检修。

(4)知道电动机基本控制线路的基本检修过程、检修原则、检修思路、常用检修方法(支路检测法、电压法、电阻法、短路法、开路法)。

(5)能根据故障现象和原理图,分析故障范围,查找故障点,制定维修方案,掌握故障检修的基本方法。

(6)能够掌握常用的故障排除方法(器件的维修方法、器件选择代换方法)。

(7)能按照企业管理制度,正确填写维修记录并归档,确保记录的可追溯性,为以后维修提供参考资料。

建议课时数

16 课时。

学习任务描述

情景模拟

学校实习车间为某电气设备的电气控制线路进行改造,要求如下。

(1)主轴电动机能实现正反转控制。

(2)主轴电动机具有短路、过载、失压和欠压保护作用。

(3)对电气控制线路进行安装、调试与维修。经学院批准,特委托学校电工组对其电气控制部分进行重新安装与调试(施工周期 2 天),按规定期限完成验收交付使用,给予工程费用约 x 元(详情见项目合同)。

◇ 学习活动一　明确工作任务(2课时)
◇ 学习活动二　安装调试前的准备(4课时)
◇ 学习活动三　正反转控制线路的安装与检修(8课时)
◇ 学习活动四　工作总结与评价(2课时)

学习活动一　明确工作任务

(1)能制定合理的工作进度计划。
(2)能识读电路图中的图形符号、文字符号和标注代号。

2课时。

一体化教室。

学习过程

一、明确工作任务

1. 阅读生产派工单,以小组为单位讨论其内容,提炼以下主要信息,再根据教师点评和组内意见,改正错误和疏漏之处。
   (1)该项工作的工作地点是_____。
   (2)该项工作的开始时间是_____。
   (3)该项工作的完成时间是_____。
   (4)该项工作的总用时是_____。
   (5)该项工作交给你和你的组员,则你们的角色是_____。
   (6)该项工作完成后应交给_____进行验收。
2. 引导和资讯
   (1)上班前,必须穿戴好_____、_____。

(2)请根据你的任务单,准备好各种工具、量具等。
(3)搜集所需资料。

二、熟悉工作任务的具体要求

1. 本任务是什么?
___
___

2. 实现本任务的具体要求有哪些?
___
___
___

学习活动二　安装调试前的准备

 学习目标

　　识读电路原理图,查阅相关资料,能正确分析电路的供电方式、电动机的作用、控制方式及控制电路特点,为检修工作的进行做好准备。

 建议学时

4课时。

 学习地点

一体化教室。

 学习过程

一、了解正反转控制线路

1. 写出电气设备电气控制线路的控制要求。
___
___
___
___

2. 分析电气设备电气控制线路的功能与结构。
_____
_____
_____
_____
_____
_____
_____

3. 设计三相异步电动机正反转控制线路。
(1)主电路

(2)控制电路

4. 识读电路图,熟悉线路所用电器元件及作用。

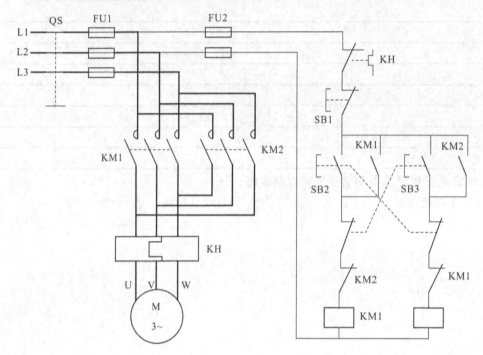

(1)识读电路图。

(2)写出电路组成及各元件作用。

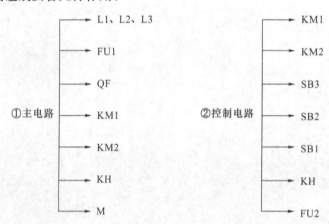

(3)分析电路工作原理。

_____
_____
_____
_____
_____
_____
_____

二、制定工作计划

根据施工现场的实际情况,查阅相关资料,了解施工的基本步骤,制定本小组的工作计划。

"正反转控制线路"学习任务工作计划

(一)人员分工

1. 小组负责人:_____。
2. 小组成员及分工

姓 名	分 工

(二)工具及材料清单

序号	工具及材料名称	单位	数量	备注

(三)工序及工期安排

根据分析,安排工作进度。

序号	开始时间	结束时间	完成内容	工作要求	备注
1					
2					
3					
4					
5					
6					

三、评价

以小组为单位,展示本组制定的工作计划,然后在教师点评基础上对工作计划进行修改完善,并根据以下评分标准进行评分。

评分表

评价内容	分值	评分		
		自我评价	小组评价	教师评价
计划制定是否有条理	10分			
计划是否全面、完善	10分			
人员分工是否合理	10分			
任务要求是否明确	20分			
工具清单是否正确、完整	20分			
材料清单是否正确、完整	20分			
是否具有团结协作精神	10分			
合　计				

学习活动三　正反转控制线路的安装与检修

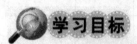

(1)会按图安装接线。
(2)会编制试车工艺。
(3)会正反转控制线路的故障分析。
(4)在作业完毕后能按电工作业规程清点、整理工具,收集剩余材料,清理工程垃圾,拆除防护措施。

建议学时

8课时。

学习地点

一体化教室。

学习过程

一、现场施工准备

1. 当正反转控制线路发生电气故障后，简述检查分析的步骤。

2. 利用仪表器材检查分析故障时常用的检查方法有哪些？

3. 描述用电压测量法检查线路电气故障时应注意哪些事项。

4. 描述用电阻测量法检查线路电气故障时应注意哪些事项。

_____
_____
_____
_____
_____
_____
_____
_____

二、电气接线

1. 根据控制线路图,设计元件布局。
2. 仪表、工具、耗材和器材准备。
3. 元器件规格、质量检查。
4. 根据元件布置图安装固定低压电器元件。
5. 按照电气原理图进行线路安装。

软线安装工艺要求如下。

(1)所有导线的截面积在等于或大于 0.5mm 时,必须采用软线。

(2)布线时,严禁损伤线芯和导线绝缘。

(3)各电器元件接线端子引出导线的走向,以元件的水平中心线为界线,在水平中心线以上接线端子引出的导线,必须进入元件上面的走线槽;在水平中心线以下接线端子引出的导线,必须进入元件下面的走线槽。任何导线都不允许从水平方向进入走线槽内。

(4)各电器元件接线端子引出或引入的导线,除间距很小和元件机械强度很差允许直接架空敷设外,其他导线必须经过走线槽进行连接。

(5)进入走线槽内的导线要完全置于走线槽内,并应尽可能避免交叉,装线不要超过其容量的 70%,以便于能盖上线槽盖及以后的装配、维修。

(6)各电器元件与走线槽之间的外露导线,应走线合理,并尽可能做到横平竖直变换走向要垂直。同一个元件上位置一致的端子和同型号电器元件中位置一致的端子上引出或引入的导线,要敷设在同一平面上,并应做到高低一致或前后一致,不得交叉。

(7)所有接线端子、导线线头上都应套有与电路图上相应接点线号一致的编码套管,并按线号进行连接,连接必须牢靠,不得松动。

(8)在任何情况下,接线端子必须与导线截面积和材料性质相适应。当接线端子不适合连接软线或较小截面积的软线时,可以在导线端头穿上针形或叉形轧头并压紧。

(9)一般一个接线端子只能连接一根导线,如果采用专门设计的端子,可以连接两根或多根导线,但导线的连接方式必须是公认的、在工艺上成熟的方式,如夹紧、压接、焊接、绕接等,并应严格按照连接工艺的工序要求进行。

6. 安装过程中遇到了哪些问题？如何解决？

所遇问题	解决方法

三、电气检测

自检与互检。

序号	检测内容	自检情况记录	互检情况记录
1	用万用表对电源端进行短路检测		
2	用万用表对熔断器进行通断检测		
3	用万用表对主电路进行断电检测		
4	用万用表对控制电路进行断电检测		

四、通电调试

1. 为保证人身安全，在通电试车时，要认真执行安全操作规程的有关规定，一人监护，另一人操作。试车前，应检查与通电试车有关的电气设备是否有不安全的因素存在，若查出应立即整改，然后方能试车。
2. 通电试车前，必须征得教师的同意，并由指导教师接通三相电源 L1、L2、L3，同时在现场监护。学生合上电源开关 QF 后，用测电笔检查熔断器出线端，氖管亮说明电源接通。
3. 空操作实验：不接电动机，通电试验并观察接触器动作。
4. 带负荷试车：根据试车结果，检测正反转控制线路的功能并记录检测过程及数据。

测试内容	正转运行是否正常	反转运行是否正常	停止运行是否正常	能否过载保护	能否短路保护	能否失压、欠压保护	调试结果	
							自检	互检
正反转控制线路								

5. 所遇故障分析

故障现象	故障原因	检修情况记录

小组学习记录需有记录人、主持人、小组成员、日期、内容等要素。

五、线路检修

故障现象	可能的原因及故障点	检查方法
按下 SB1 后不能正转		
按下 SB2 后电动机不能连续反转		
按下 SB3 后电动机不能停止运转		
按下启动按钮 SB1 或 SB2 后,接触器 KM1 或 KM2 吸合,但电动机 M 不能运转		
按下启动按钮 SB1 或 SB2 就跳闸		

六、评价

以小组为单位,展示本组安装成果。根据以下评分标准进行评分。

评分表

评价内容	分值	评分		
		自我评价	小组评价	教师评价
安全施工	5分			
画线、定位准确	5分			
正确使用工具	5分			
接线、布线符合工艺要求	5分			
按照相关工艺要求,正确安装线路	30分			
正确使用万用表自检	10分			
调试成功	20分			
按要求清理现场	10分			
是否具有团结协作精神	10分			
合　计				

学习活动四　工作总结与评价

 学习目标

(1)能对自己完成的工作任务表述设计过程。
(2)结合自身完成任务情况,正确规范撰写工作总结(心得体会)。
(3)能就本次任务中出现的问题,提出改进措施。
(4)能主动获取有效信息、展示工作成果,对学习与工作时行反思总结,并能与他人良好合作,进行有效的沟通。
(5)能按要求正确规范地完成本次学习活动工作页的填写。

 建议学时

2课时。

 学习地点

一体化教室。

学习过程

一、教学准备

请准备工作页。

二、引导问题

1. 配合组长,对自己完成的电路盘完成较好的方面进行总结,然后向班组进行表述。
___
___
___
___

2. 该项任务中你学到了什么?
___
___
___
___

评价与分析

学习任务总体评价

自我评价、小组评价、教师评价。

1. 展示评价

把个人制作好的电路盘进行分组展示,再由小组推荐代表作必要的介绍。在展示的过程中,以组为单位进行评价;评价完成后,根据其他组成员对本组展示的成果评价意见进行归纳总结。完成如下项目:

(1) 展示的电路盘符合技术标准吗?

合格□　　　　　　不良□　　　　　　返修□　　　　　　报废□

(2) 与其他组相比,本小组的电路盘工艺你认为:

工艺优化□　　　　工艺合理□　　　　工艺一般□

(3) 本小组介绍成果表达是否清晰?

很好□　　　　　　一般□　　　　　　不清晰□

(4) 本小组演示检测方法操作正确吗?

正确□　　　　　　部分正确□　　　　不正确□

(5) 本小组演示操作时遵循了"6S"的工作要求吗?

符合工作要求□　　忽略了部分要求□　完全没有遵循 □

(6)本小组的成员团队创新精神如何？
良好□　　　　　一般□　　　　　足□

自评总结（心得体会）

　

2. 教师对展示的产品分别作评价
(1)找出各组的优点并进行点评。
(2)展示过程中各组的缺点并进行点评，并提出改进方法。
(3)评价整个任务完成中出现的亮点和不足。
3. 评价与分析

任务评价表

项目	自我评价			小组评价			教师评价		
	10～9分	8～6分	5～1分	10～9分	8～6分	5～1分	10～9分	8～6分	5～1分
	占总评分的10%			占总评分的30%			占总评分的60%		
学习兴趣									
任务明确程度									
现场动手能力									
学习主动性									
承担工作表现									
表达能力									
协作精神									
纪律观念									
时间观念									
节约意识									
工作态度									
任务总体表现									
小计分									
总评分									

任课教师：_____　　　　　　　　　　　　　　年　月　日

工作评价

_____
_____
_____
_____
_____

教师综合评价

_____
_____
_____
_____
_____
_____
_____
_____

指导教师：(签名)_____　　　　　　　_____年____月____日

学习任务三　Y-△降压启动控制线路的安装与检修

学习目标

（1）掌握 Y-△降压启动控制线路的构成及工作原理，能正确选用安装和检修所用的工具、仪表及器材。

（2）能正确编写安装步骤和工艺要求，并进行正确安装。

（3）掌握电动机基本控制线路故障检修的一般步骤和方法，并能进行正确调试和检修。

（4）知道电动机基本控制线路的基本检修过程、检修原则、检修思路、常用检修方法（支路检测法、电压法、电阻法、短路法、开路法）。

（5）能根据故障现象和原理图，分析故障范围，查找故障点，制定维修方案，掌握故障检修的基本方法。

（6）能够掌握常用的故障排除方法（器件的维修方法、器件选择代换方法）。

（7）能按照企业管理制度，正确填写维修记录并归档，确保记录的可追溯性，为以后维修提供参考资料。

建议课时数

16 课时。

学习任务描述

情景模拟

学校实习车间为某电气设备的电气控制线路进行改造，要求如下。

（1）主轴电动机能实现 Y-△降压启动控制。

（2）主轴电动机具有短路、过载、失压和欠压保护作用。

（3）对电气控制线路进行安装、调试与维修。经学院批准，特委托学校电工组对其电气控制部分进行重新安装与调试（施工周期 2 天），按规定期限完成验收交付使用，给予工程费用约 x 元（详情见项目合同）。

工作流程与活动

◇ 学习活动一　明确工作任务(2课时)
◇ 学习活动二　安装调试前的准备(4课时)
◇ 学习活动三　Y-△降压启动控制线路的安装与检修(8课时)
◇ 学习活动四　工作总结与评价(2课时)

学习活动一　明确工作任务

 学习目标

(1)能制定合理的工作进度计划。
(2)能识读电路图中的图形符号、文字符号和标注代号。

 建议学时

2课时。

 学习地点

一体化教室。

 学习过程

一、明确工作任务

1. 阅读生产派工单,以小组为单位讨论其内容,提炼以下主要信息,再根据老师点评和组内意见,改正错误和疏漏之处。
(1)该项工作的工作地点是_____。
(2)该项工作的开始时间是_____。
(3)该项工作的完成时间是_____。
(4)该项工作的总用时是_____。
(5)该项工作交给你和你的组员,则你们的角色是_____。
(6)该项工作完成后应交给_____进行验收。

2. 引导和资讯
(1)上班前,必须穿戴好_____、_____。

(2)请根据你的任务单,准备好各种工具、量具等。
(3)搜集所需资料。

二、熟悉工作任务的具体要求

1. 本任务是什么?
_____
_____

2. 实现本任务的具体要求有哪些?
_____
_____
_____

学习活动二 安装调试前的准备

识读电路原理图,查阅相关资料,能正确分析电路的供电方式、电动机的作用、控制方式及控制电路特点,为检修工作的进行做好准备。

建议学时

4课时。

学习地点

一体化教室。

学习过程

一、了解 Y-△降压启动控制线路

1. 写出电气设备电气控制线路的控制要求。
_____
_____
_____
_____
_____

2. 分析电气设备电气控制线路的功能与结构。
_____
_____
_____
_____

3. 设计三相异步电动机 Y-△降压启动控制线路。
(1)主电路

(2)控制电路

4. 识读电路图,熟悉线路所用电器元件及作用。

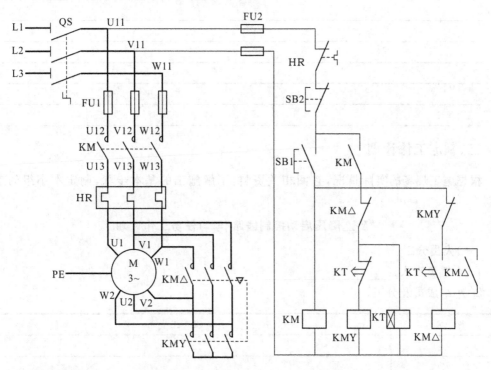

(1)识读电路图。

(2)写出电路组成及各元件作用。

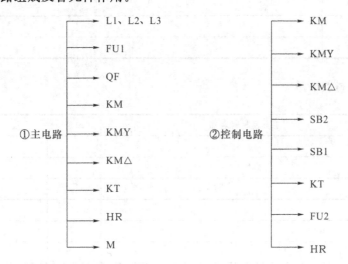

(3)分析电路工作原理。

_____
_____
_____
_____
_____

二、制定工作计划

根据施工现场的实际情况,查阅相关资料,了解施工的基本步骤,制定本小组的工作计划。

"Y-△降压启动控制线路"学习任务工作计划

(一)人员分工

1. 小组负责人:_____。
2. 小组成员及分工

姓 名	分 工

(二)工具及材料清单

序号	工具及材料名称	单位	数量	备注

（三）工序及工期安排

根据分析,安排工作进度。

序号	开始时间	结束时间	完成内容	工作要求	备注
1					
2					
3					
4					
5					
6					

三、评价

以小组为单位,展示本组制定的工作计划,然后在教师点评基础上对工作计划进行修改完善,并根据以下评分标准进行评分。

评分表

评价内容	分值	评分		
		自我评价	小组评价	教师评价
计划制定是否有条理	10分			
计划是否全面、完善	10分			
人员分工是否合理	10分			
任务要求是否明确	20分			
工具清单是否正确、完整	20分			
材料清单是否正确、完整	20分			
是否具有团结协作精神	10分			
合　计				

学习活动三　Y-△降压启动控制线路的安装与检修

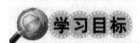
学习目标

(1)会按图安装接线。
(2)会编制试车工艺。
(3)会 Y-△降压启动控制线路的故障分析。
(4)在作业完毕后能按电工作业规程清点、整理工具,收集剩余材料,清理工程垃圾,拆除防护措施。

建议学时

8 课时。

学习地点

一体化教室。

学习过程

一、现场施工准备

1. 当 Y-△降压启动控制线路发生电气故障后,简述检查分析的步骤。

2. 利用仪表器材检查分析故障时,常用的检查方法有哪些?

3. 描述用电压测量法检查线路电气故障时应注意哪些事项。

4. 描述用电阻测量法检查线路电气故障时应注意哪些事项。
_____
_____
_____
_____
_____
_____
_____
_____

二、电气接线

1. 根据控制线路图,设计元件布局。
2. 仪表、工具、耗材和器材准备。
3. 元器件规格、质量检查。
4. 根据元件布置图安装固定低压电器元件。
5. 按照电气原理图进行线路安装。

软线安装工艺要求:

(1)所有导线的截面积在等于或大于 0.5mm 时,必须采用软线。

(2)布线时,严禁损伤线芯和导线绝缘。

(3)各电器元件接线端子引出导线的走向,以元件的水平中心线为界线,在水平中心线以上接线端子引出的导线,必须进入元件上面的走线槽;在水平中心线以下接线端子引出的导线,必须进入元件下面的走线槽。任何导线都不允许从水平方向进入走线槽内。

(4)各电器元件接线端子引出或引入的导线,除间距很小和元件机械强度很差允许直接架空敷设外,其他导线必须经过走线槽进行连接。

(5)进入走线槽内的导线要完全置于走线槽内,并应尽可能避免交叉,装线不要超过其容量的 70%,以便于能盖上线槽盖及以后的装配、维修。

(6)各电器元件与走线槽之间的外露导线,应走线合理,并尽可能做到横平竖直变换走向要垂直。同一个元件上位置一致的端子和同型号电器元件中位置一致的端子上引出或引入的导线,要敷设在同一平面上,并应做到高低一致或前后一致,不得交叉。

(7)所有接线端子、导线线头上都应套有与电路图上相应接点线号一致的编码套管,并按线号进行连接,连接必须牢靠,不得松动。

(8)在任何情况下,接线端子必须与导线截面积和材料性质相适应。当接线端子不适合连接软线或较小截面积的软线时,可以在导线端头穿上针形或叉形轧头并压紧。

(9)一般一个接线端子只能连接一根导线,如果采用专门设计的端子,可以连接两根或多根导线,但导线的连接方式必须是公认的、在工艺上成熟的方式,如夹紧、压接、焊接、绕接等,并应严格按照连接工艺的工序要求进行。

6. 安装过程中遇到了哪些问题？如何解决？

所遇问题	解决方法

三、电气检测

自检与互检。

序号	检测内容	自检情况记录	互检情况记录
1	用万用表对电源端的短路检测		
2	用万用表对熔断器的通断检测		
3	用万用表对主电路进行断电检测		
4	用万用表对控制电路进行断电检测		

四、通电调试

1. 为保证人身安全，在通电试车时，要认真执行安全操作规程的有关规定，另一人监护，另一人操作。试车前，应检查与通电试车有关的电气设备是否有不安全的因素存在，若查出应立即整改，然后方能试车。

2. 通电试车前，必须征得教师的同意，并由指导教师接通三相电源 L1、L2、L3，同时在现场监护。学生合上电源开关 QF 后，用测电笔检查熔断器出线端，氖管亮说明电源接通。

3. 空操作实验：不接电动机，通电试验并观察接触器动作。

4. 带负荷试车：根据试车结果，检测 Y-△降压启动控制线路的功能并记录检测过程及数据。

测试内容	Y型启动是否正常	△型启动是否正常	停止运行是否正常	能否过载保护	能否短路保护	能否失压、欠压保护	调试结果	
							自检	互检
Y-△降压启动控制线路								

5. 所遇故障分析

故障现象	故障原因	检修情况记录

小组学习记录需有记录人、主持人、小组成员、日期、内容等要素。

五、线路检修

故障现象	可能的原因及故障点	检查方法
按下 SB1 后不能接触器 KM 无动作		
电动机不能 Y 型启动		
电动机不能△型启动		
按下启动按钮 SB1 后,电动机 M 正常启动,但松开启动按钮 SB1 后,电动机 M 随即停止		
按下启动按钮 SB1 就跳闸		

六、评价

以小组为单,展示本组安装成果。根据以下评分标准进行评分。

评分表

评价内容	分值	评分		
		自我评价	小组评价	教师评价
安全施工	5 分			
画线、定位准确	5 分			
正确使用工具	5 分			
接线、布线符合工艺要求	5 分			
按照相关工艺要求,正确安装线路	30 分			
正确使用万用表自检	10 分			
调试成功	20 分			
按要求清理现场	10 分			
是否具有团结协作精神	10 分			
合 计				

学习活动四　工作总结与评价

(1) 能对自己完成的工作任务表述设计过程。
(2) 结合自身完成任务情况，正确规范撰写工作总结（心得体会）。
(3) 能就本次任务中出现的问题，提出改进措施。
(4) 能主动获取有效信息、展示工作成果，对学习与工作时行反思总结，并能与他人良好合作，进行有效的沟通。
(5) 能按要求正确规范地完成本次学习活动工作页的填写。

 建议学时

2课时。

 学习地点

一体化教室。

 学习过程

一、教学准备

请准备工作页。

二、引导问题

1. 配合组长，对自己完成的电路盘完成较好的方面进行总结，然后向班组进行表述。
_____
_____
_____

2. 该项任务中你学到了什么？
_____
_____
_____

评价与分析

学习任务总体评价

自我评价、小组评价、教师评价。

1. 展示评价

把个人制作好的电路盘进行分组展示,再由小组推荐代表作必要的介绍。在展示的过程中,以组为单位进行评价;评价完成后,根据其他组成员对本组展示的成果评价意见进行归纳总结。完成如下项目:

(1)展示的电路盘符合技术标准吗?

  合格□   不良□   返修□   报废□

(2)与其他组相比,本小组的电路盘工艺你认为:

  工艺优化□   工艺合理□   工艺一般□

(3)本小组介绍成果表达是否清晰?

  很好□   一般□   不清晰□

(4)本小组演示检测方法操作正确吗?

  正确□   部分正确□   不正确□

(5)本小组演示操作时遵循了"6S"的工作要求吗?

  符合工作要求□ 忽略了部分要求□ 完全没有遵循 □

(6)本小组的成员团队创新精神如何?

  良好□   一般□   不足□

自评总结(心得体会)

_____

_____

_____

_____

_____

_____

_____

_____

_____

_____

_____

2. 教师对展示的产品分别作评价

(1)找出各组的优点并进行点评。

(2)展示过程中各组的缺点并进行点评,并提出改进方法。

（3）评价整个任务完成中出现的亮点和不足。

3. 评价与分析

任务评价表

项目	自我评价			小组评价			教师评价		
	10~9分	8~6分	5~1分	10~9分	8~6分	5~1分	10~9分	8~6分	5~1分
	占总评分的10%			占总评分的30%			占总评分的60%		
学习兴趣									
任务明确程度									
现场动手能力									
学习主动性									
承担工作表现									
表达能力									
协作精神									
纪律观念									
时间观念									
节约意识									
工作态度									
任务总体表现									
小计分									
总评分									

任课教师：_____ 　　　　　　　　　　　　　　　年　月　日

工作评价

_____
_____
_____
_____
_____
_____

教师综合评价

_____
_____
_____
_____
_____

_____
_____
_____
_____
_____
_____
_____

指导教师：(签名)_____　　　　　____年___月___日

学习任务四 工作台自动往返控制线路的安装与检修

> 学习目标

(1) 掌握工作台自动往返控制线路的构成及工作原理,能正确选用安装和检修所用的工具、仪表及器材。
(2) 能正确编写安装步骤和工艺要求,并进行正确安装。
(3) 掌握电动机基本控制线路故障检修的一般步骤和方法,并能进行正确调试和检修。
(4) 知道电动机基本控制线路的基本检修过程、检修原则、检修思路、常用检修方法(支路检测法、电压法、电阻法、短路法、开路法)。
(5) 能根据故障现象和原理图,分析故障范围,查找故障点,制定维修方案,掌握故障检修的基本方法。
(6) 能够掌握常用的故障排除方法(器件的维修方法、器件选择代换方法)。
(7) 能按照企业管理制度,正确填写维修记录并归档,确保记录的可追溯性,为以后维修提供参考资料。

> 建议课时数

16 课时。

> 学习任务描述

 情景模拟

学校实习车间为某电气设备的电气控制线路进行改造,要求如下。
(1) 工作台能实现自动往返控制。
(2) 主电路具有短路、过载、失压和欠压保护作用。
(3) 对电气控制线路进行安装、调试与维修。经学院批准,特委托学校电工组对其电气控制部分进行重新安装与调试(施工周期2天),按规定期限完成验收交付使用,给予工程费用约 x 元(详情见项目合同)。

> 工作流程与活动

◇ 学习活动一　明确工作任务(2课时)
◇ 学习活动二　安装调试前的准备(4课时)
◇ 学习活动三　工作台自动往返控制线路的安装与检修(8课时)
◇ 学习活动四　工作总结与评价(2课时)

学习活动一　明确工作任务

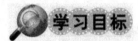 学习目标

(1)能制定合理的工作进度计划。
(2)能识读电路图中的图形符号、文字符号和标注代号。

 建议学时

2课时。

 学习地点

一体化教室。

 学习过程

一、明确工作任务

1. 阅读生产派工单,以小组为单位讨论其内容,提炼以下主要信息,再根据教师点评和组内意见,改正错误和疏漏之处。
(1)该项工作的工作地点是_____。
(2)该项工作的开始时间是_____。
(3)该项工作的完成时间是_____。
(4)该项工作的总用时是_____。
(5)该项工作交给你和你的组员,则你们的角色是_____。
(6)该项工作完成后应交给_____进行验收。
2. 引导和资讯
(1)上班前,必须穿戴好_____、_____。

（2）请根据你的任务单，准备好各种工具、量具等。

（3）搜集所需资料。

二、熟悉工作任务的具体要求

1. 本任务是什么？

2. 实现本任务的具体要求有哪些？

学习活动二　安装调试前的准备

 学习目标

> 识读电路原理图，查阅相关资料，能正确分析电路的供电方式、电动机的作用、控制方式及控制电路特点，为检修工作的进行做好准备。

 建议学时

4课时。

 学习地点

一体化教室。

 学习过程

一、了解工作台自动往返控制

1. 写出电气设备电气控制线路的控制要求。

2. 分析电气设备电气控制线路的功能与结构。
_____
_____
_____
_____

3. 设计工作台自动往返控制线路。
(1)主电路

(2)控制电路

4. 识读电路图,熟悉线路所用电器元件及作用。

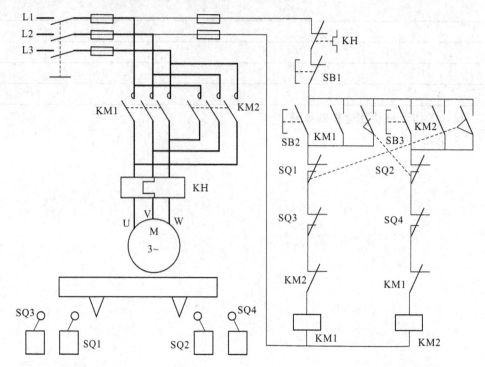

(1)识读电路图。
(2)写出电路组成及各元件作用。

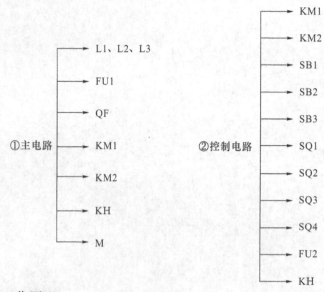

(3)分析电路工作原理。

二、制定工作计划

根据施工现场的实际情况,查阅相关资料了解施工的基本步骤,制定本小组的工作计划。

"双速异步电动机的控制线路"学习任务工作计划

(一)人员分工

1. 小组负责人:_____。
2. 小组成员及分工

姓　名	分　工

(二)工具及材料清单

序号	工具及材料名称	单位	数量	备注

(三)工序及工期安排

根据分析,安排工作进度。

序号	开始时间	结束时间	完成内容	工作要求	备注
1					
2					
3					
4					
5					
6					

三、评价

以小组为单位,展示本组制定的工作计划,然后在教师点评基础上对工作计划进行修改完善,并根据以下评分标准进行评分。

评分表

评价内容	分值	评分		
		自我评价	小组评价	教师评价
计划制定是否有条理	10分			
计划是否全面、完善	10分			
人员分工是否合理	10分			
任务要求是否明确	20分			
工具清单是否正确、完整	20分			
材料清单是否正确、完整	20分			
是否具有团结协作精神	10分			
合 计				

学习活动三　工作台自动往返控制线路的安装与检修

学习目标

(1)会按图安装接线。
(2)会编制试车工艺。
(3)会工作台自动往返控制线路的故障分析。
(4)在作业完毕后能按电工作业规程清点、整理工具,收集剩余材料,清理工程垃圾,拆除防护措施。

建议学时

8课时。

学习地点

一体化教室。

学习过程

一、现场施工准备

1. 当工作台自动往返控制线路发生电气故障后,简述检查分析的步骤。

2. 利用仪表器材检查分析故障时,常用的检查方法有哪些?

3. 描述用电压测量法检查线路电气故障时应注意哪些事项。

4. 描述用电阻测量法检查线路电气故障时应注意哪些事项。

_____
_____
_____
_____
_____
_____
_____
_____
_____

二、电气接线

1. 根据控制线路图，设计元件布局。
2. 仪表、工具、耗材和器材准备。
3. 元器件规格、质量检查。
4. 根据元件布置图安装固定低压电器元件。
5. 按照电气原理图进行线路安装。

软线安装工艺要求：

(1) 所有导线的截面积在等于或大于 0.5mm 时，必须采用软线。

(2) 布线时，严禁损伤线芯和导线绝缘。

(3) 各电器元件接线端子引出导线的走向，以元件的水平中心线为界线，在水平中心线以上接线端子引出的导线，必须进入元件上面的走线槽；在水平中心线以下接线端子引出的导线，必须进入元件下面的走线槽。任何导线都不允许从水平方向进入走线槽内。

(4) 各电器元件接线端子引出或引入的导线，除间距很小和元件机械强度很差允许直接架空敷设外，其他导线必须经过走线槽进行连接。

(5) 进入走线槽内的导线要完全置于走线槽内，并应尽可能避免交叉，装线不要超过其容量的 70%，以便于能盖上线槽盖及以后的装配、维修。

(6) 各电器元件与走线槽之间的外露导线，应走线合理，并尽可能做到横平竖直变换走向要垂直。同一个元件上位置一致的端子和同型号电器元件中位置一致的端子上引出或引入的导线，要敷设在同一平面上，并应做到高低一致或前后一致，不得交叉。

(7) 所有接线端子、导线线头上都应套有与电路图上相应接点线号一致的编码套管，并按线号进行连接，连接必须牢靠，不得松动。

(8) 在任何情况下，接线端子必须与导线截面积和材料性质相适应。当接线端子不适合连接软线或较小截面积的软线时，可以在导线端头穿上针形或叉形轧头并压紧。

(9) 一般一个接线端子只能连接一根导线，如果采用专门设计的端子，可以连接两根或多根导线，但导线的连接方式必须是公认的、在工艺上成熟的方式，如夹紧、压接、焊接、绕接等，并应严格按照连接工艺的工序要求进行。

6. 安装过程中遇到了哪些问题？如何解决？

所遇问题	解决方法

三、电气检测

自检与互检。

序号	检测内容	自检情况记录	互检情况记录
1	用万用表对电源端进行短路检测		
2	用万用表对熔断器进行通断检测		
3	用万用表对主电路进行断电检测		
4	用万用表对控制电路进行断电检测		

四、通电调试

1. 为保证人身安全,在通电试车时,要认真执行安全操作规程的有关规定,一人监护,另一人操作。试车前,应检查与通电试车有关的电气设备是否有不安全的因素存在,若查出应立即整改,然后方能试车。

2. 通电试车前,必须征得教师的同意,并由指导教师接通三相电源 L1、L2、L3,同时在现场监护。学生合上电源开关 QF 后,用测电笔检查熔断器出线端,氖管亮说明电源接通。

3. 空操作实验:不接电动机,通电试验并观察接触器动作。

4. 带负荷试车:根据试车结果,检测工作台自动往返控制线路的功能并记录检测过程及数据。

测试内容	工作台左移是否正常	工作台右移是否正常	SQ1、SQ2是否正常	SQ3、SQ4是否正常	能否过载、短路保护	能否失压、欠压保护	调试结果	
							自检	互检
工作台自动往返控制线路								

5. 所遇故障分析

故障现象	故障原因	检修情况记录

小组学习记录需有记录人、主持人、小组成员、日期、内容等要素。

五、线路检修

故障现象	可能的原因及故障点	检查方法
工作台左移无动作		
工作台右移无动作		
工作台无法实现自动往返动作		
工作台点动运行		
SQ3、SQ4 无作用		

六、评价

以小组为单位,展示本组安装成果。根据以下评分标准进行评分。

评分表

评价内容	分值	评分		
		自我评价	小组评价	教师评价
安全施工	5分			
画线、定位准确	5分			
正确使用工具	5分			
接线、布线符合工艺要求	5分			
按照相关工艺要求,正确安装线路	30分			
正确使用万用表自检	10分			
调试成功	20分			
按要求清理现场	10分			
是否具有团结协作精神	10分			
合 计				

学习活动四　工作总结与评价

 学习目标

(1)能对自己完成的工作任务表述设计过程。
(2)结合自身完成任务情况,正确规范撰写工作总结(心得体会)。
(3)能就本次任务中出现的问题,提出改进措施。
(4)能主动获取有效信息、展示工作成果,对学习与工作时行反思总结,并能与他人良好合作,进行有效的沟通。
(5)能按要求正确规范地完成本次学习活动工作页的填写。

 建议学时

2课时。

 学习地点

一体化教室。

学习过程

一、教学准备
请准备工作页。

二、引导问题
1. 配合组长,对自己完成的电路盘完成较好的方面进行总结,然后向班组进行表述。

2. 该项任务中你学到了什么?

 评价与分析

学习任务总体评价
自我评价、小组评价、教师评价。

1. 展示评价

把个人制作好的电路盘进行分组展示,再由小组推荐代表作必要的介绍。在展示的过程中,以组为单位进行评价;评价完成后,根据其他组成员对本组展示的成果评价意见进行归纳总结。完成如下项目:

(1)展示的电路盘符合技术标准吗?

合格□　　　　　不良□　　　　　返修□　　　　　报废□

(2)与其他组相比,本小组的电路盘工艺你认为:

工艺优化□　　　　工艺合理□　　　　工艺一般□

(3)本小组介绍成果表达是否清晰?

很好□　　　　　一般□　　　　　不清晰□

(4)本小组演示检测方法操作正确吗?

正确□　　　　　部分正确□　　　　不正确□

(5)本小组演示操作时遵循了"6S"的工作要求吗?

符合工作要求□　　忽略了部分要求□　　完全没有遵循□

(6)本小组的成员团队创新精神如何?
良好□　　　　　　一般□　　　　　　不足□

自评总结(心得体会)

_____
_____
_____
_____
_____
_____
_____
_____

2. 教师对展示的产品分别作评价
(1)找出各组的优点并进行点评。
(2)展示过程中各组的缺点并进行点评,并提出改进方法。
(3)评价整个任务完成中出现的亮点和不足。
3. 评价与分析

任务评价表

项目	自我评价			小组评价			教师评价		
	10~9分	8~6分	5~1分	10~9分	8~6分	5~1分	10~9分	8~6分	5~1分
	占总评分的10%			占总评分的30%			占总评分的60%		
学习兴趣									
任务明确程度									
现场动手能力									
学习主动性									
承担工作表现									
表达能力									
协作精神									
纪律观念									
时间观念									
节约意识									
工作态度									
任务总体表现									
小计分									
总评分									

任课教师:_____　　　　　　　　　　　　　　年　月　日

工作评价

_____
_____
_____
_____
_____

教师综合评价

_____
_____
_____
_____
_____
_____
_____
_____

指导教师：(签名)_____　　　　　____年___月___日

学习任务五　顺序控制线路的安装与检修

学习目标

（1）掌握顺序控制线路的构成及工作原理，能正确选用安装和检修所用的工具、仪表及器材。

（2）能正确编写安装步骤和工艺要求，并进行正确安装。

（3）掌握电动机基本控制线路故障检修的一般步骤和方法，并能进行正确调试和检修。

（4）知道电动机基本控制线路的基本检修过程、检修原则、检修思路、常用检修方法（支路检测法、电压法、电阻法、短路法、开路法）。

（5）能根据故障现象和原理图，分析故障范围，查找故障点，制定维修方案，掌握故障检修的基本方法。

（6）能够掌握常用的故障排除方法（器件的维修方法、器件选择代换方法）。

（7）能按照企业管理制度，正确填写维修记录并归档，确保记录的可追溯性，为以后维修提供参考资料。

建议课时数

16 课时。

学习任务描述

 情景模拟

学校实习车间某生产机械装有多台电动机，要求对其电气控制线路进行改造。要求如下：

（1）各电动机所起的作用是不同的，需按一定的顺序启动或停止，才能保证操作过程的合理和工作的安全可靠。

（2）电气控制线路具有短路、过载、失压和欠压保护作用。

（3）对电气控制线路进行安装、调试与维修。经学院批准，特委托学校电工组对其电气控制部分进行重新安装与调试（施工周期 2 天），按规定期限完成验收交付使用，给予工程费用约 x 元（详情见项目合同）。

工作流程与活动

◇ 学习活动一　明确工作任务(2课时)
◇ 学习活动二　安装调试前的准备(4课时)
◇ 学习活动三　顺序控制线路的安装与检修(8课时)
◇ 学习活动四　工作总结与评价(2课时)

学习活动一　明确工作任务

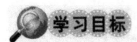

(1)能制定合理的工作进度计划。
(2)能识读电路图中的图形符号、文字符号和标注代号。

2课时。

一体化教室。

一、明确工作任务

1. 阅读生产派工单,以小组为单位讨论其内容,提炼以下主要信息,再根据老师点评和组内意见,改正错误和疏漏之处。
　(1)该项工作的工作地点是_____。
　(2)该项工作的开始时间是_____。
　(3)该项工作的完成时间是_____。
　(4)该项工作的总用时是_____。
　(5)该项工作交给你和你的组员,则你们的角色是_____。
　(6)该项工作完成后应交给_____进行验收。
2. 引导和资讯
　(1)上班前,必须穿戴好_____、_____。

(2) 请根据你的任务单,准备好各种工具、量具等。

(3) 搜集所需资料。

二、熟悉工作任务的具体要求

1. 本任务是什么?
_____
_____

2. 实现本任务的具体要求有哪些?
_____
_____

学习活动二　安装调试前的准备

 学习目标

识读电路原理图,查阅相关资料,能正确分析电路的供电方式、电动机的作用、控制方式及控制电路特点,为检修工作的进行做好准备。

 建议学时

4课时。

 学习地点

一体化教室。

 学习过程

一、了解顺序控制线路

1. 写出电气设备电气控制线路的控制要求。
_____
_____
_____
_____
_____

2. 分析电气设备电气控制线路的功能与结构。
_____
_____
_____
_____
_____

3. 设计顺序控制线路。
(1)主电路

(2)控制电路

4. 识读电路图,熟悉线路所用电器元件及作用。

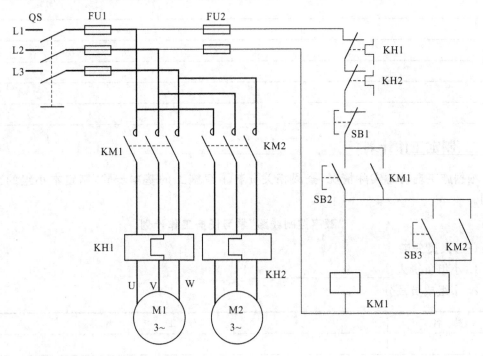

(1) 识读电路图。

(2) 写出电路组成及各元件作用。

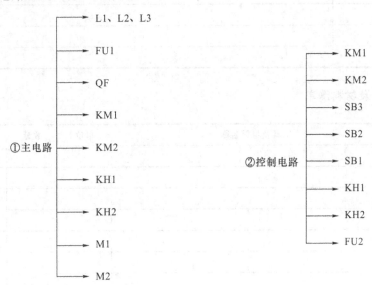

(3) 分析电路工作原理。

二、制定工作计划

根据施工现场的实际情况,查阅相关资料了解施工的基本步骤,制定本小组的工作计划。

"顺序控制线路"学习任务工作计划

(一)人员分工

1. 小组负责人:_____。

2. 小组成员及分工

姓　名	分　工

(二)工具及材料清单

序号	工具及材料名称	单位	数量	备注

(三)工序及工期安排

根据分析,安排工作进度。

序号	开始时间	结束时间	完成内容	工作要求	备注
1					
2					
3					
4					
5					
6					

三、评价

以小组为单位,展示本组制定的工作计划,然后在教师点评基础上对工作计划进行修改完善,并根据以下评分标准进行评分。

评分表

评价内容	分值	评分		
		自我评价	小组评价	教师评价
计划制定是否有条理	10分			
计划是否全面、完善	10分			
人员分工是否合理	10分			
任务要求是否明确	20分			
工具清单是否正确、完整	20分			
材料清单是否正确、完整	20分			
是否具有团结协作精神	10分			
合 计				

学习活动三　顺序控制线路的安装与检修

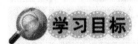

(1)会按图安装接线。
(2)会编制试车工艺。
(3)会顺序控制线路的故障分析。
(4)在作业完毕后能按电工作业规程清点、整理工具,收集剩余材料,清理工程垃圾,拆除防护措施。

建议学时

8课时。

学习地点

一体化教室。

学习过程

一、现场施工准备

1. 当顺序控制线路发生电气故障后,简述检查分析的步骤。

___

2. 利用仪表器材检查分析故障时,常用的检查方法有哪些?

___

3. 描述用电压测量法检查线路电气故障时应注意哪些事项。

___

4. 描述用电阻测量法检查线路电气故障时应注意哪些事项。

_____
_____
_____
_____
_____
_____
_____
_____
_____

二、电气接线

1. 根据控制线路图,设计元件布局。
2. 仪表、工具、耗材和器材准备。
3. 元器件规格、质量检查。
4. 根据元件布置图安装固定低压电器元件。
5. 按照电气原理图进行线路安装。

软线安装工艺要求：

(1)所有导线的截面积在等于或大于 0.5mm 时,必须采用软线。

(2)布线时,严禁损伤线芯和导线绝缘。

(3)各电器元件接线端子引出导线的走向,以元件的水平中心线为界线,在水平中心线以上接线端子引出的导线,必须进入元件上面的走线槽；在水平中心线以下接线端子引出的导线,必须进入元件下面的走线槽。任何导线都不允许从水平方向进入走线槽内。

(4)各电器元件接线端子引出或引入的导线,除间距很小和元件机械强度很差允许直接架空敷设外,其他导线必须经过走线槽进行连接。

(5)进入走线槽内的导线要完全置于走线槽内,并应尽可能避免交叉,装线不要超过其容量的70%,以便于能盖上线槽盖及以后的装配、维修。

(6)各电器元件与走线槽之间的外露导线,应走线合理,并尽可能做到横平竖直变换走向要垂直。同一个元件上位置一致的端子和同型号电器元件中位置一致的端子上引出或引入的导线,要敷设在同一平面上,并应做到高低一致或前后一致,不得交叉。

(7)所有接线端子、导线线头上都应套有与电路图上相应接点线号一致的编码套管,并按线号进行连接,连接必须牢靠,不得松动。

(8)在任何情况下,接线端子必须与导线截面积和材料性质相适应。当接线端子不适合连接软线或较小截面积的软线时,可以在导线端头穿上针形或叉形轧头并压紧。

(9)一般一个接线端子只能连接一根导线,如果采用专门设计的端子,可以连接两根或多根导线,但导线的连接方式必须是公认的、在工艺上成熟的方式,如夹紧、压接、焊接、绕接等,并应严格按照连接工艺的工序要求进行。

6. 安装过程中遇到了哪些问题？如何解决？

所遇问题	解决方法

三、电气检测

自检与互检。

序号	检测内容	自检情况记录	互检情况记录
1	用万用表对电源端进行短路检测		
2	用万用表对熔断器进行通断检测		
3	用万用表对主电路进行断电检测		
4	用万用表对控制电路进行断电检测		

四、通电调试

1. 为保证人身安全，在通电试车时，要认真执行安全操作规程的有关规定，一人监护，另一人操作。试车前，应检查与通电试车有关的电气设备是否有不安全的因素存在，若查出应立即整改，然后方能试车。
2. 通电试车前，必须征得教师的同意，并由指导教师接通三相电源 L1、L2、L3，同时在现场监护。学生合上电源开关 QF 后，用测电笔检查熔断器出线端，氖管亮说明电源接通。
3. 空操作实验：不接电动机，通电试验并观察接触器动作。
4. 带负荷试车：根据试车结果，检测顺序控制线路的功能并记录检测过程及数据。

测试内容	顺序控制是否正常	M1电动机启动是否正常	M2电动机启动是否正常	停止运行是否正常	能否短路、过载保护	能否失压、欠压保护	调试结果	
							自检	互检
顺序控制线路								

5. 所遇故障分析

故障现象	故障原因	检修情况记录

小组学习记录需有记录人、主持人、小组成员、日期、内容等要素。

五、线路检修

故障现象	可能的原因及故障点	检查方法
M1 电动机无动作		
M2 电动机无动作		
顺序控制无法实现		
停止运行无动作		
启动运行无动作		

六、评价

以小组为单位,展示本组安装成果。根据以下评分标准进行评分。

评分表

评价内容	分值	评 分		
		自我评价	小组评价	教师评价
安全施工	5分			
画线、定位准确	5分			
正确使用工具	5分			
接线、布线符合工艺要求	5分			
按照相关工艺要求,正确安装线路	30分			
正确使用万用表自检	10分			
调试成功	20分			
按要求清理现场	10分			
是否具有团结协作精神	10分			
合计				

学习活动四　工作总结与评价

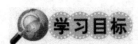 **学习目标**

(1)能对自己完成的工作任务表述设计过程。
(2)结合自身完成任务情况,正确规范撰写工作总结(心得体会)。
(3)能就本次任务中出现的问题,提出改进措施。
(4)能主动获取有效信息、展示工作成果,对学习与工作时行反思总结,并能与他人良好合作,进行有效的沟通。
(5)能按要求正确规范地完成本次学习活动工作页的填写。

 建议学时

2课时。

 **学习地点**

一体化教室。

学习过程

一、教学准备
请准备工作页。

二、引导问题
1. 配合组长,对自己完成的电路盘完成较好的方面进行总结,然后向班组进行表述。
___
___

2. 该项任务中你学到了什么?
___
___
___
___

 评价与分析

学习任务总体评价
自我评价、小组评价、教师评价。

1. 展示评价

把个人制作好的电路盘进行分组展示,再由小组推荐代表作必要的介绍。在展示的过程中,以组为单位进行评价;评价完成后,根据其他组成员对本组展示的成果评价意见进行归纳总结。完成如下项目:

(1)展示的电路盘符合技术标准吗?
　合格□　　　　　不良□　　　　　返修□　　　　　报废□

(2)与其他组相比,本小组的电路盘工艺你认为:
　工艺优化□　　　工艺合理□　　　工艺一般□

(3)本小组介绍成果表达是否清晰?
　很好□　　　　　一般□　　　　　不清晰□

(4)本小组演示检测方法操作正确吗?
　正确□　　　　　部分正确□　　　　不正确□

(5)本小组演示操作时遵循了"6S"的工作要求吗?
　符合工作要求□　　忽略了部分要求□　　完全没有遵循□

(6)本小组的成员团队创新精神如何?
　良好□　　　　　一般□　　　　　不足□

自评总结(心得体会)

_____
_____
_____
_____
_____
_____
_____
_____
_____
_____

2. 教师对展示的产品分别作评价
(1)找出各组的优点并进行点评。
(2)展示过程中各组的缺点并进行点评,并提出改进方法。
(3)评价整个任务完成中出现的亮点和不足。
3. 评价与分析

任务评价表

项目	自我评价			小组评价			教师评价		
	10~9分	8~6分	5~1分	10~9分	8~6分	5~1分	10~9分	8~6分	5~1分
	占总评分的10%			占总评分的30%			占总评分的60%		
学习兴趣									
任务明确程度									
现场动手能力									
学习主动性									
承担工作表现									
表达能力									
协作精神									
纪律观念									
时间观念									
节约意识									
工作态度									
任务总体表现									
小计分									
总评分									

任课教师:_____   年　月　日

工作评价

教师综合评价

指导教师：(签名)_____　　　____年___月___日

学习任务六　双速异步电动机控制线路的安装与检修

学习目标

（1）掌握双速异步电动机控制线路的构成及工作原理，能正确选用安装和检修所用的工具、仪表及器材。

（2）能正确编写安装步骤和工艺要求，并进行正确安装。

（3）掌握电动机基本控制线路故障检修的一般步骤和方法，并能进行正确调试和检修。

（4）知道电动机基本控制线路的基本检修过程、检修原则、检修思路、常用检修方法（支路检测法、电压法、电阻法、短路法、开路法）。

（5）能根据故障现象和原理图，分析故障范围，查找故障点，制定维修方案，掌握故障检修的基本方法。

（6）能够掌握常用的故障排除方法（器件的维修方法、器件选择代换方法）。

（7）能按照企业管理制度，正确填写维修记录并归档，确保记录的可追溯性，为以后维修提供参考资料。

建议课时数

16 课时。

学习任务描述

情景模拟

学校实习车间为某电气设备的电气控制线路进行改造，要求如下：

（1）主轴电动机能实现双速异步电动机的控制。

（2）主轴电动机具有短路、过载、失压和欠压保护作用。

（3）对电气控制线路进行安装、调试与维修。经学院批准，特委托学校电工组对其电气控制部分进行重新安装与调试（施工周期 2 天），按规定期限完成验收交付使用，给予工程费用约 x 元（详情见项目合同）。

> 工作流程与活动

◇ 学习活动一　明确工作任务（2课时）
◇ 学习活动二　安装调试前的准备（4课时）
◇ 学习活动三　双速异步电动机控制线路的安装与检修（8课时）
◇ 学习活动四　工作总结与评价（2课时）

学习活动一　明确工作任务

 学习目标

(1)能制定合理的工作进度计划。
(2)能识读电路图中的图形符号、文字符号和标注代号。

 建议学时

2课时。

 学习地点

一体化教室。

 学习过程

一、明确工作任务

1. 阅读生产派工单，以小组为单位讨论其内容，提炼以下主要信息，再根据教师点评和组内意见，改正错误和疏漏之处。
(1)该项工作的工作地点是_____。
(2)该项工作的开始时间是_____。
(3)该项工作的完成时间是_____。
(4)该项工作的总用时是_____。
(5)该项工作交给你和你的组员，则你们的角色是_____。
(6)该项工作完成后应交给_____进行验收。
2. 引导和资讯
(1)上班前，必须穿戴好_____、_____。

(2)请根据你的任务单,准备好各种工具、量具等。

(3)搜集所需资料。

二、熟悉工作任务的具体要求

1. 本任务是什么?
_____
_____

2. 实现本任务的具体要求有哪些?
_____
_____
_____

学习活动二　安装调试前的准备

识读电路原理图,查阅相关资料,能正确分析电路的供电方式、电动机的作用、控制方式及控制电路特点,为检修工作的进行做好准备。

4学时。

一体化教室。

一、了解双速异步电动机的控制线路

1. 写出电气设备电气控制线路的控制要求。
_____
_____
_____
_____

2. 分析电气设备电气控制线路的功能与结构。
_____
_____
_____
_____
_____

3. 设计双速异步电动机的控制线路。
(1) 主电路

(2) 控制电路

4. 识读电路图,熟悉线路所用电器元件及作用。

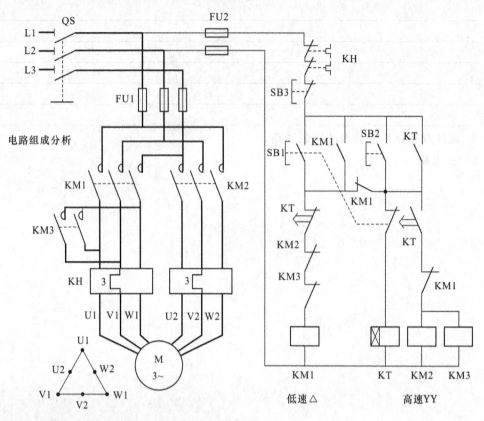

(1) 识读电路图。
(2) 写出电路组成及各元件作用。

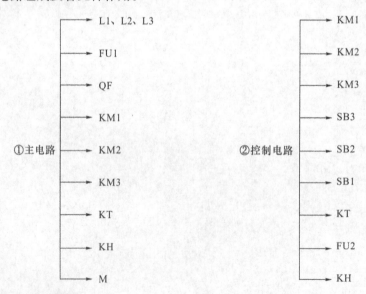

(3) 分析电路工作原理。

二、制定工作计划

根据施工现场的实际情况,查阅相关资料了解施工的基本步骤,制定本小组的工作计划。

"双速异步电动机的控制线路"学习任务工作计划

(一)人员分工

1. 小组负责人:_____。
2. 小组成员及分工

姓　名	分　工

(二)工具及材料清单

序号	工具及材料名称	单位	数量	备注

(三)工序及工期安排

根据分析,安排工作进度。

序号	开始时间	结束时间	完成内容	工作要求	备注
1					
2					
3					
4					
5					
6					

三、评价

以小组为单位,展示本组制定的工作计划,然后在教师点评基础上对工作计划进行修改完善,并根据以下评分标准进行评分。

评分表

评价内容	分值	评分		
		自我评价	小组评价	教师评价
计划制定是否有条理	10分			
计划是否全面、完善	10分			
人员分工是否合理	10分			
任务要求是否明确	20分			
工具清单是否正确、完整	20分			
材料清单是否正确、完整	20分			
是否具有团结协作精神	10分			
合　计				

学习活动三　双速异步电动机控制线路的安装与检修

学习目标

(1)会按图安装接线。
(2)会编制试车工艺。
(3)会双速异步电动机控制线路的故障分析。
(4)在作业完毕后能按电工作业规程清点、整理工具,收集剩余材料,清理工程垃圾,拆除防护措施。

 **建议学时**

8 课时。

 学习地点

一体化教室。

 学习过程

一、现场施工准备

1. 当双速异步电动机的控制线路发生电气故障后,简述检查分析的步骤。

2. 利用仪表器材检查分析故障时常用的检查方法有哪些?

3. 描述用电压测量法检查线路电气故障时应注意哪些事项。

4. 描述用电阻测量法检查线路电气故障时应注意哪些事项。

_____
_____
_____
_____
_____
_____
_____
_____

二、电气接线

1. 根据控制线路图,设计元件布局。
2. 仪表、工具、耗材和器材准备。
3. 元器件规格、质量检查。
4. 根据元件布置图安装固定低压电器元件。
5. 按照电气原理图进行线路安装。

软线安装工艺要求如下。

(1)所有导线的截面积在等于或大于 0.5mm 时,必须采用软线。

(2)布线时,严禁损伤线芯和导线绝缘。

(3)各电器元件接线端子引出导线的走向,以元件的水平中心线为界线,在水平中心线以上接线端子引出的导线,必须进入元件上面的走线槽;在水平中心线以下接线端子引出的导线,必须进入元件下面的走线槽。任何导线都不允许从水平方向进入走线槽内。

(4)各电器元件接线端子引出或引入的导线,除间距很小和元件机械强度很差允许直接架空敷设外,其他导线必须经过走线槽进行连接。

(5)进入走线槽内的导线要完全置于走线槽内,并应尽可能避免交叉,装线不要超过其容量的 70%,以便于能盖上线槽盖及以后的装配、维修。

(6)各电器元件与走线槽之间的外露导线应走线合理,并尽可能做到横平竖直变换走向要垂直。同一个元件上位置一致的端子和同型号电器元件中位置一致的端子上引出或引入的导线,要敷设在同一平面上,并应做到高低一致或前后一致,不得交叉。

(7)所有接线端子、导线线头上都应套有与电路图上相应接点线号一致的编码套管,并按线号进行连接,连接必须牢靠,不得松动。

(8)在任何情况下,接线端子必须与导线截面积和材料性质相适应。当接线端子不适合连接软线或较小截面积的软线时,可以在导线端头穿上针形或叉形轧头并压紧。

(9)一般一个接线端子只能连接一根导线,如果采用专门设计的端子,可以连接两根或多根导线,但导线的连接方式必须是公认的、在工艺上成熟的方式,如夹紧、压接、焊接、绕接等,并应严格按照连接工艺的工序要求进行。

6. 安装过程中遇到了哪些问题？如何解决？

所遇问题	解决方法

三、电气检测

自检与互检。

序号	检测内容	自检情况记录	互检情况记录
1	用万用表对电源端进行短路检测		
2	用万用表对熔断器进行通断检测		
3	用万用表对主电路进行断电检测		
4	用万用表对控制电路进行断电检测		

四、通电调试

1. 为保证人身安全，在通电试车时，要认真执行安全操作规程的有关规定，一人监护，另一人操作。试车前，应检查与通电试车有关的电气设备是否有不安全的因素存在，若查出应立即整改，然后方能试车。

2. 通电试车前，必须征得教师的同意，并由指导教师接通三相电源 L1、L2、L3，同时在现场监护。学生合上电源开关 QF 后，用测电笔检查熔断器出线端，氖管亮说明电源接通。

3. 空操作实验：不接电动机，通电试验并观察接触器动作。

4. 带负荷试车：根据试车结果，检测双速异步电动机控制线路的功能并记录检测过程及数据。

测试内容	低速启动是否正常	高速启动是否正常	停止运行是否正常	能否过载保护	能否短路保护	能否失压、欠压保护	调试结果	
							自检	互检
双速异步电动机的控制线路								

5. 所遇故障分析

故障现象	故障原因	检修情况记录

小组学习记录需有记录人、主持人、小组成员、日期、内容等要素。

五、线路检修

故障现象	可能的原因及故障点	检查方法
时间继电器无动作		
电动机不能低速运转		
电动机不能高速运转		
电动机低速到高速不能自动切换		
按下启动按钮 SB1 就跳闸		

六、评价

以小组为单位,展示本组安装成果。根据以下评分标准进行评分。

评分表

评价内容	分值	评分		
		自我评价	小组评价	教师评价
安全施工	5分			
画线、定位准确	5分			
正确使用工具	5分			
接线、布线符合工艺要求	5分			
按照相关工艺要求,正确安装线路	30分			
正确使用万用表自检	10分			
调试成功	20分			
按要求清理现场	10分			
是否具有团结协作精神	10分			
合 计				

学习活动四 工作总结与评价

(1)能对自己完成的工作任务表述设计过程。
(2)结合自身完成任务情况,正确规范撰写工作总结(心得体会)。
(3)能就本次任务中出现的问题,提出改进措施。
(4)能主动获取有效信息、展示工作成果,对学习与工作时行反思总结,并能与他人良好合作,进行有效的沟通。
(5)能按要求正确规范地完成本次学习活动工作页的填写。

 建议学时

2课时。

 学习地点

一体化教室。

学习过程

一、教学准备

请准备工作页。

二、引导问题

1. 配合组长,对自己完成的电路盘完成较好的方面进行总结,然后向班组进行表述。

2. 该项任务中你学到了什么?

 评价与分析

学习任务总体评价

自我评价、小组评价、教师评价。

1. 展示评价

把个人制作好的电路盘进行分组展示,再由小组推荐代表作必要的介绍。在展示的过程中,以组为单位进行评价;评价完成后,根据其他组成员对本组展示的成果评价意见进行归纳总结。完成如下项目:

(1)展示的电路盘符合技术标准吗?

合格□　　　　　不良□　　　　　返修□　　　　　报废□

(2)与其他组相比,本小组的电路盘工艺你认为:

工艺优化□　　　工艺合理□　　　工艺一般□

(3)本小组介绍成果表达是否清晰?

很好□　　　　　一般□　　　　　不清晰□

(4)本小组演示检测方法操作正确吗?

正确□　　　　　部分正确□　　　　不正确□

(5)本小组演示操作时遵循了"6S"的工作要求吗?

符合工作要求□　　忽略了部分要求□　　完全没有遵循□

(6)本小组的成员团队创新精神如何?

良好□　　　　　一般□　　　　　不足□

自评总结(心得体会)

_____
_____
_____
_____
_____
_____
_____
_____
_____

2. 教师对展示的产品分别作评价:
(1)找出各组的优点并进行点评;
(2)展示过程中各组的缺点并进行点评,并提出改进方法;
(3)评价整个任务完成中出现的亮点和不足。
3. 评价与分析

任务评价表

项目	自我评价			小组评价			教师评价		
	10~9分	8~6分	5~1分	10~9分	8~6分	5~1分	10~9分	8~6分	5~1分
	占总评分的10%			占总评分的30%			占总评分的60%		
学习兴趣									
任务明确程度									
现场动手能力									
学习主动性									
承担工作表现									
表达能力									
协作精神									
纪律观念									
时间观念									
节约意识									
工作态度									
任务总体表现									
小计分									
总评分									

任课教师:_____   年 月 日

工作评价

_____
_____
_____
_____
_____
_____

教师综合评价

_____
_____
_____
_____
_____
_____
_____
_____
_____
_____

指导教师：(签名)_____　　　　　　　　____年___月___日

参考文献

[1]李敬梅.电力拖动控制线路与技能训练.北京:劳动保障出版社.2014.
[2]秦钟全.低压电工.北京:化学工业出版社.2016.
[3]刘光源.电工工艺学.北京:机械工业出版社.2011.